www.ingramcontent.com/pod-product-compliance
Lightning Source LLC
Chambersburg PA
CBHW030706220526
45463CB00005B/1932
9781658515771